Karl-Heinz Reicheneder

5 alpenländische Krippen

zum Selberbauen

Frech-Verlag Stuttgart

Für eine gewerbliche Nutzung der gezeigten Arbeiten ist die Genehmigung des Verlags erforderlich.

Auflage: 7. 6. 5. 4. 3. | Letzte Zahlen
Jahr: 1995 94 93 92 91 | maßgebend

ISBN 3-7724-1299-8 · Best.-Nr. 1299

frech-verlag
GmbH + Co. Druck KG Stuttgart
Druck: Frech, Stuttgart 31

Verehrter Krippenfreund,

alljährlich in der Adventszeit beim Gang durch die geschmückten Straßen oder beim Kartenschreiben sieht man ein Bild immer wieder deutlich vor sich: Jesus Christus, in eine Windel gewickelt und in einer Krippe liegend ...

Welche Familie plant nicht auch einmal eine Krippe zu Hause aufzustellen oder gar selbst zu bauen? Anregungen kann man sich in Kirchen und auf Weihnachtsmärkten genügend holen – aber dennoch bleibt der Vorsatz des „Selberbauens“ meist auf der Strecke.
Es gibt einfach zu wenig konkrete Hilfestellungen und zu viele offene Fragen: welches und wieviel Material, welche Reihenfolge der Arbeitsschritte, welche Maße?

In diesem Buch wird Schritt für Schritt die Herstellung einer Krippe beschrieben. Es werden fünf in ihrem Aussehen und in der Größe verschiedene Krippen vorgestellt.
Alle Krippen sind von mir selbst geplant, entworfen und gebaut.

Die Abbildungen, Montageskizzen, Stücklisten und detaillierte Bauanleitungen sollen Sie zum Nachbau anregen.

Ein Wort zuvor

Bevor Sie Material kaufen, ist zu prüfen, ob das ausgewählte Krippenmodell auch den entsprechenden Platz findet. Für die Holzkonstruktion wird ausschließlich trockenes Fichtenholz verwendet. Lassen Sie sich die Holzleisten und die Grundplatte gleich beim Kauf auf die entsprechenden Längen zusägen, ebenso die Schrägen an Pfetten und Firstbalken. Sie ersparen sich dadurch viel Vorarbeit.

Kennzeichnung der Holzleisten
Die einzelnen Teile sollten Sie entsprechend der Stückliste mit Bleistift numerieren und bezeichnen, z. B. „1 Tragebalken". Mehrere maßgleiche Teile werden zur besseren Übersicht mit 1a, 1b usw. gekennzeichnet. Diese Kennzeichnung erleichtert Ihnen den Zusammenbau.

Farbwahl
Die Krippe soll ein möglichst natürliches, altes Aussehen erhalten. Verwenden Sie für den Anstrich keine glänzenden Lackfarben, sondern Holzbeizen (Wachsbeizen) in einem grau-braunen Farbton. Die Holzbeizen lassen sich untereinander mischen. Experimentieren Sie solange, bis der Ihnen genehme Farbton erreicht ist. In jedem Falle ist eine Probebeizung durchzuführen. Zur Beurteilung des Farbtons muß die Beize getrocknet sein.
Die Beize wird mit einem weichen Pinsel aufgetragen. Die gestrichenen, sichtbaren Teile werden mit Schleifpapier leicht angeschliffen, damit die Holzmaserung deutlich sichtbar ist.

Verbindung der Holzteile
Alle tragenden Teile der Krippenkonstruktion werden mit Holzschrauben verschraubt. Damit die Holzleisten nicht reißen, werden die Löcher vorgebohrt.
Holzverkleidungen und Dachbedekkungen werden mit Holzleim aufgeklebt und können zusätzlich noch mit kleinen Drahtstiften (10 mm lang) festgenagelt werden.

Die Konstruktion

So, wie hier am Beispiel der Krippe Modell B, sind alle Krippenmodelle mit Montageplänen versehen.

Bezeichnungen der einzelnen Teile

1 = Tragebalken	7 = Stallwände
2 = Tragebalken	8 = Stallwände
3 = Querbalken	9 = Firstträger
4 = Pfette rechts	10 = Querholm
5 = Firstbalken	11 = Querholm
6 = Pfette links	12 = Sparren

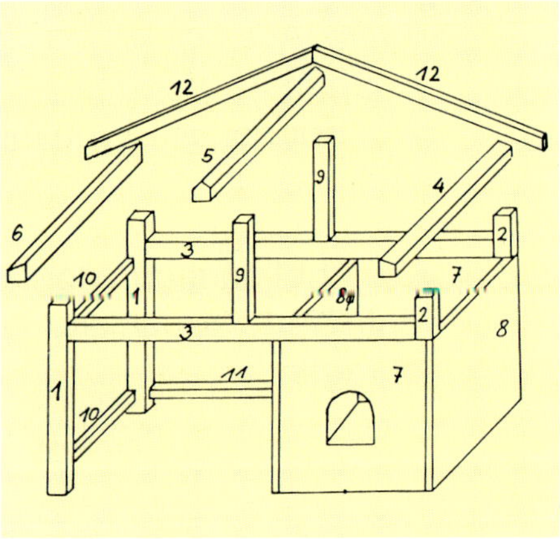

Krippe A

Das Bild zeigt das Krippenmodell A als Scheune mit Heuboden und einem nach vorne abgesetzten Stallgebäude mit nach links verlaufendem Schleppdach. Diese Form wird in den Alpen angetroffen. Das Stallgebäude kann an der Vorderfront mit einem Bretterverschlag, einer verputzten Mauer (Abbildung unten) oder als Steinmauer (Abbildung auf Seite 7) dargestellt werden.

Maße der Krippe
Breite 70 cm, Tiefe 42 cm, Höhe 31 cm. Grundplatte 80 × 60 × 0,8 cm.

Krippenfiguren
Es sind Figuren bis 14 cm Höhe geeignet, möglichst in bayerischer Tracht.

Stückliste für Krippe A

Nr.	Bezeichnung	Profil	Maße in cm	Anzahl
1	Tragebalken	Vierkant	2,2×5,0×18	2
2	Pfette	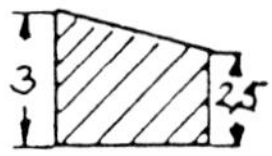	2,2×3,0×2,5×34	1
3	Pfette	wie Pfette Nr. 2	2,2×3,0×2,5×47	2
4	Querbalken	Vierkant	2,2×2,2×38	2
5	Tragebalken	Vierkant	2,2×2,2×18	3
6	Tragebalken	Vierkant	2,2×2,2×10	2
7	Firstträger	Vierkant	1,5×2,2×6,2	2
8	Firstbalken	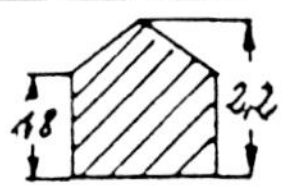	2,2×1,5×34	1
9	Strebe	Vierkant	1,0×1,0×9	2
10	Sparren	Vierkant	1,5×1,0×29	6
11	Sparren	Vierkant	1,5×1,0×54	6
12	Sparren	Vierkant	1,5×1,0×40	2
13	Querholm	Vierkant	1,5×1,0×38	2
14	Querholm	Vierkant	1,5×1,0×20	2
15	Querholm	Vierkant	1,5×1,0×34,4	2
16	Querholm	Vierkant	1,5×1,0×20	2
17	Querholm	Vierkant	1,5×1,0×12,6	1
18	Querholm	Vierkant	1,5×1,0×19,6	2
19	Randleiste	Vierkant	1,5×0,5×300	1
20	Grundplatte (Preßspan)		ca. 60×80×0,8	1
21	Senkkopf-Holzschrauben		3,5×35 mm	ca. 45

Außerdem benötigen Sie
250 ml Holzbeize (Wachsbeize)
7 Obst- oder Salatkistchen
(Brettchenstärke ca. 3 mm)
oder, weil einfacher zu verarbeiten,
1 gebürstetes Profilbrett, ca. 4 m lang,
10 cm breit, 3 mm stark
(erhältlich im Baumarkt)
Sand, Erde, Baumrinde, Heu und Stroh
1 Flasche Holzleim Ponal express.

Materialbedarf in laufende Meter

Vierkant-Leisten	lfd. m
2,2 × 5,0 cm	0,4
2,2 × 3,0 cm	0,9
2,2 × 2,2 cm	1,4
2,2 × 1,5 cm	0,5
1,5 × 1,0 cm	0,2
1,0 × 1,0 cm	0,2
1,5 × 0,5 cm	3,0

Montage

Unterkonstruktion
Alle zu verschraubenden Holzleisten vorbohren, Bohrer 2 mm Durchmesser, dann die Tragebalken mit einem Bohrer 3,5 mm Durchmesser aufbohren.
Die beiden Querholme Nr. 18 a und 18 b sind jeweils im Abstand von ca. 3 cm zur oberen und unteren Stirnseite der Tragebalken Nr. 1 b und 5 a anzuschrauben. Die beiden Querholme Nr. 13 a und 13 b und alle folgenden Querholme werden immer etwas versetzt angeschraubt. Die Abstände sind variabel.
Tragebalken 5 c wird nur mit einem Querholm (Nr. 17) mit Tragebalken 1 a verbunden. Die Holme für Fenster und Türen können beliebig angebracht werden.
Abschließend die Pfette Nr. 3 b von oben auf die Tragebalken Nr. 6 a und 6 b schrauben. Der hintere Überstand zum Tragebalken 6 a beträgt 3 cm.

Dachkonstruktion

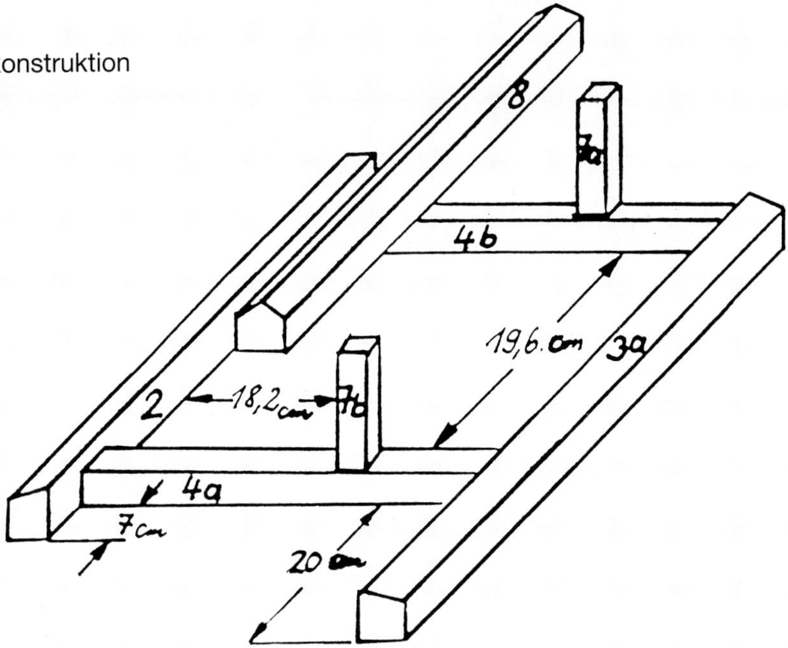

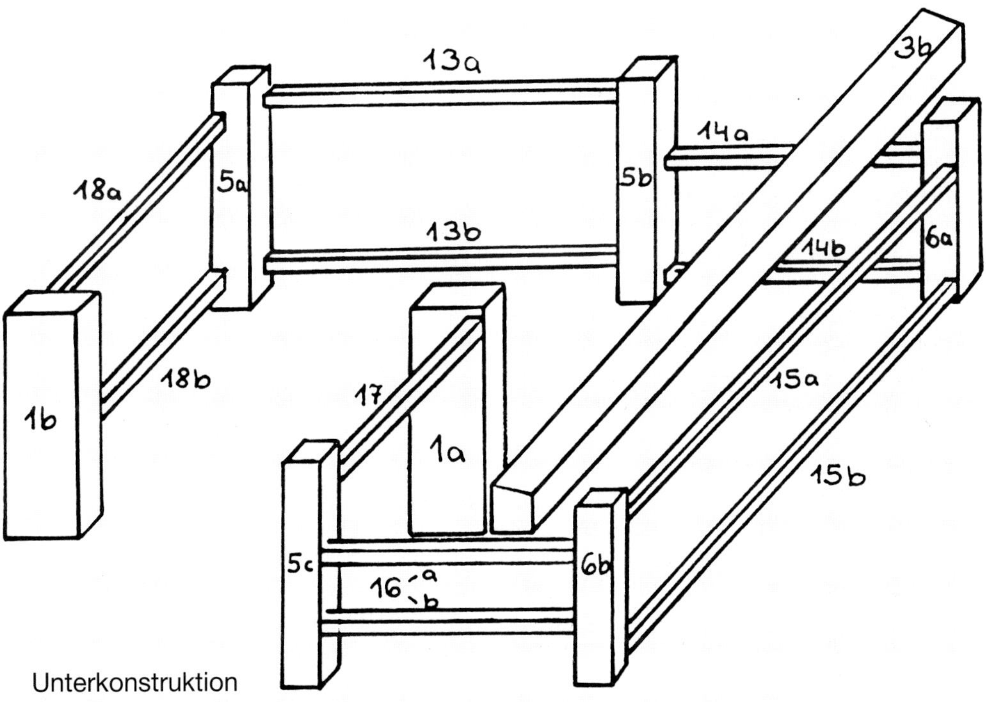

Unterkonstruktion

Dachkonstruktion

Die Teile Nr. 2, 3a, 4a und 4b werden der Skizze entsprechend verschraubt. Die Firstträger Nr. 7a und 7b von unten in die Mitte der Teile Nr. 4a und 4b schrauben. Über die Firstträger wird der Firstbalken gelegt, ausgerichtet, so daß er 3 cm nach hinten übersteht, dann von oben angeschraubt.

Der First ist fertig und wird nun so auf die Unterkonstruktion gelegt, daß die Pfette Nr. 2 auf den Tragebalken 1b und 5a und die Pfette Nr. 3a auf den Tragebalken 5b, 1a und 5c aufliegt. Der Querbalken 4b muß außen bündig über den Querholmen Nr. 13a und 13b verlaufen. Die Pfetten stehen 3 cm nach hinten über. Der First wird von oben auf die Tragebalken geschraubt.

Die Dachsparren

Zur Fertigstellung des Rohbaues werden die Sparren hochkant vom Firstbalken zur Pfette Nr. 2 (Sparren Nr. 10) bzw. vom Firstbalken über Pfette Nr. 3a zu Pfette Nr. 3b (Sparren Nr. 11) gelegt. Die Stirnseiten der Sparren entsprechend

der Dachneigung zuschneiden. Bei der Montage der Sparren ist darauf zu achten, daß jeweils ein Sparren über den beiden Querbalken Nr. 4a und 4b außen bündig zu liegen kommt. Der Abstand der restlichen Sparren zueinander kann frei gewählt werden. Auch am jeweiligen Ende der Pfetten einen Sparren anbringen. Die beiden Sparren Nr. 12 liegen über dem Vorbau. Die Sparren können mit den Pfetten verschraubt, vernagelt oder verleimt werden.
Die beiden Streben Nr. 9 werden auf das entsprechende Maß geschnitten (muß dem Rohbau entnommen werden) und als Schrägversteifung in den vorderen Giebel zwischen Sparren und Querbalken Nr. 4a geleimt.

Der fertige Rohbau wird auf die Grundplatte gestellt und von unten die Platte mit den sieben Tragebalken verschraubt.
Abschließend alle Kanten der Leisten, die nach der Fertigstellung der Krippe sichtbar bleiben, mit einem scharfen Messer unregelmäßig brechen und mit Schmirgelpapier nacharbeiten.

Als nächstes kann nun der Anstrich erfolgen (siehe Seite 4).

Einbau des Heubodens
Als Heuboden dienen Bretter von Obst- oder Salatkistchen, die auf den beiden Querbalken 4a und 4b festgeleimt werden.

Holzverkleidung

Für den Bretterverschlag ein bereits gebürstetes Profilbrett (Baumarkt) verwenden, das man sich auf ca. 3 mm Stärke abhobeln läßt.

Als Holzverkleidung eignen sich ebenfalls Bretter von Obst- oder Salatkistchen, die man mit einem scharfen Messer in beliebige Breiten spalten kann.

Vorher mit einer Drahtbürste so lange bürsten, bis die Holzmaserung hervortritt.

Die Länge der Verschlagbretter ergibt sich aus den Rohbaumaßen. Die Bretter werden mit Ponal express an den Pfetten, Dachsparren und Querholmen festgeklebt. Die Bretter in verschiedenen Breiten (10–40 mm) und unregelmäßig anbringen.

Nach der Fertigstellung ist der Bretterverschlag innen und außen zu beizen.

Die Wände für den Stallvorbau

Die Wände können als Bretterverschlag, als verputzte Mauer oder als Steinmauer dargestellt werden.

Für die Mauer nehmen Sie Gips. Der Gips wird mit Wasser zu einer cremigen Masse angerührt und mit einer Spachtel außen auf den vorher angebrachten

Bretterverschlag gestrichen. Nur die beiden vorderen Wände verputzen. Zum Abtönen kann dem Gips Abtönfarbe oder eine Handvoll Zement beigemengt werden. Der Gipsauftrag sollte mindetens 2 mm betragen.

Die Steinmauer sollte mindestens 2 cm Wandstärke haben. Man fertigt zuerst einen möglichst genauen Holzrahmen in der gewünschten Mauergröße. Der Rahmen wird auf eine glatte Unterlage gelegt und gleichmäßig bis ca. ⅓ der gewünschten Mauerstärke mit einer vorher angerührten Gipsmasse aufgefüllt (⅔ Gips, ⅓ Zement). Zur Stabilisierung wird darauf ein engmaschiges Drahtgeflecht gelegt (Fliegengitter o.ä.). Der Rahmen wird weiter mit Gipsmasse bis auf ⅔ der geplanten Mauerstärke aufgefüllt. In diese Masse werden möglichst eng zusammen (Mauer-) Steine gedrückt. Türen und Fenster können mit ausgegossen werden, jedoch beim Belegen mit den Steinen ausgespart. Nach dem Trocknen (2–3 Tage) werden Türen und Fenster vorsichtig herausgearbeitet, der Holzrahmen abgenommen und die fertige Mauer nach Entfernen der entsprechenden Querholme zwischen zwei Tragebalken am Rohbau eingesetzt und festgeklebt. Zur Befestigung wird ein spezieller Steinkleber (Baumarkt) verwendet.

Dacheindeckung
Das Dach wird vollständig (auch die Dachüberstände) verschalt und anschließend mit Schindeln eingedeckt. Zum Verschalen verwendet man wieder Obst- oder Salatkistenbretter. Die Verschalung kann mit 10-mm-Nägeln aufgenagelt oder aufgeleimt werden.

Schindeln können aus dem gleichen Material wie die Verschalung hergestellt werden. Man schneidet dazu 2 bis 4 cm breite Streifen, die in der gewünschten Länge (6–10 cm) abgebrochen und auf die Verschalung aufgeleimt werden. Beginnend am linken Dachende, wird die unterste Reihe vollständig aufgeleimt. Die folgenden Schindelreihen überlappen schuppenartig die vorhergehenden um 1–3 cm. Die Schindeln versetzt aufkleben, es dürfen keine durchgehenden Stoßkanten entstehen. Die Stirnseiten der beiden obersten Schindelreihen (linke und rechte Dachhälfte) sollten am First zusammenstoßen.

Als Firstkappe kann ein gerader, dürrer Holunderzweig verwendet werden (2–3 cm ∅). Den Zweig mit einer Säge

halbieren, das Mark entfernen und über die gesamte Dachtiefe auf dem First als Dachabdeckung aufleimen.
Einfacher und schneller kann das Dach eingedeckt werden, wenn man anstelle von einzelnen Schindeln etwa 5 cm breite Furnierstreifen verwendet, die über die gesamte Dachtiefe gelegt werden und so das gesamte Dach von unten nach oben schuppenartig überlappend eindeckt. Bei dieser Art der Dacheindeckung kann die gesamte Dachverschalung entfallen.

Anbringen der Randleisten

Die Schnittflächen der Grundplatte werden mit den Randleisten Nr. 19 (siehe Stückliste) verkleidet. Die Leisten werden auf die richtige Länge zugeschnitten (2×61 cm, 2×80 cm), mit einer Stahlbürste gebürstet, mit Schleifpapier nachgearbeitet und dann gebeizt. Nach dem Trocknen der Beize befestigt man die Leisten mit Ponal express und kleinen Nägeln (10 mm) an den Schnittflächen. Die Unterkante der Leisten muß bündig mit der Unterseite der Grundplatte verlaufen.

Gestaltung der Grundplatte

Der Außenbereich kann mit Sand, Erde und fein in der Hand zerriebenen Baumrinden gestaltet werden.
Für den Innenbereich des Stalls und der Scheune wird kurzgeschnittenes Stroh und Heu (ca. 1 cm lang) verwendet. Vor dem Aufstreuen ist die Grundplatte mit Leim einzustreichen.

Fenster- und Türrahmen

Die Rahmen für Fenster und Türen können aus ca. 5 mm dicken und der Mauerstärke entsprechenden Leisten geschnitten werden. Die Leisten werden stumpf in Gehrung geschnitten. Die Längen der Leisten werden den Fenster- und Türmaßen entnommen. Nach dem Schneiden und Einpassen werden die Rahmen gebeizt und mit Ponal express eingeklebt.

Krippe B

Bei wenig Platz und für kleinere Figuren eignet sich der rechtwinklige Grundriß mit den geringen Ausmaßen. Die Krippe ist unterteilt in einen gemauerten Stall und einer nach vorn offenen Scheune. Beide werden von einem Heuboden überdeckt, darüber ein steiles, mit Schindeln gedecktes Dach.

Maße der Krippe
Breite 40 cm, Tiefe 20 cm, Höhe 26 cm. Grundplatte 45×35×0,8 cm.

Krippenfiguren
Die Figuren zu dieser Krippe sollten nicht größer als 10 cm sein.

Materialbedarf in laufende Meter

Vierkant-Leisten	lfd. m
2,0 × 2,0 cm	1,7 m
1,5 × 1,5 cm	0,2 m
1,2 × 0,8 cm	3,5 m
0,5 × 20 cm	1,8 m

Stückliste für Krippe B

Nr.	Bezeichnung	Profil	Maße in cm	Anzahl
1	Tragebalken	Vierkant	2×2×17	2
2	Tragebalken	Vierkant	2×2×4	2
3	Querbalken	Vierkant	2×2×31	2
4	Pfette rechts	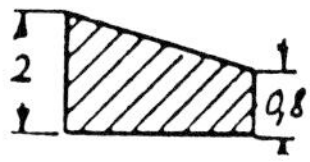	2×2×20	1
5	Firstbalken	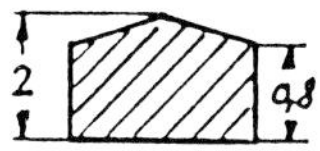	2×2×20	1
6	Pfette links	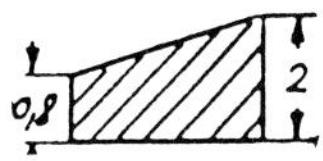	2×2×20	1
7	Stallwand	Brett (Preßspan)	13×13×1	2
8	Stallwand	Brett (Preßspan)	16×13×1	2
9	Firstträger	Vierkant	1,5×1,5×9,5	2
10	Querholm	Vierkant	1,2×0,8×12	2
11	Querholm	Vierkant	1,2×0,8×18	1
12	Sparren	Vierkant	1,2×0,8×26	8
13	Bodenbalken	Vierkant	1,2×0,8×35	2
14	Grundplatte (Preßspan)		45×35×0,8–1	1
15	Randleisten	Vierkant	0,5×2×47	2
16	Randleisten	Vierkant	0,5×2×38	2
17	Senkkopf-Holzschrauben		3×30 mm	ca. 20

Außerdem benötigen Sie
250 ml Holzbeize (Wachsbeize)
6 Obst- oder Salatkistchen
(Brettchenstärke ca. 3 mm)
oder, weil einfacher zu verarbeiten,
1 gebürstetes Profilbrett, ca. 2,5 m lang,
10 cm breit, 3 mm stark
(erhältlich im Baumarkt)
Sand, Erde, Baumrinde, Heu und Stroh
1 Flasche Holzleim Ponal express
30 Stück 10-mm-Nägel (Drahtstifte)

Bevor mit dem Zusammenbau begonnen wird, sind an einer der beiden Stallwände Nr. 7 und 8 Fenster und Tür auszusägen. Lage und Größe des Fensters bestimmen Sie selbst. Die Höhe der Fensterbrüstung sollte 6 cm nicht übersteigen.

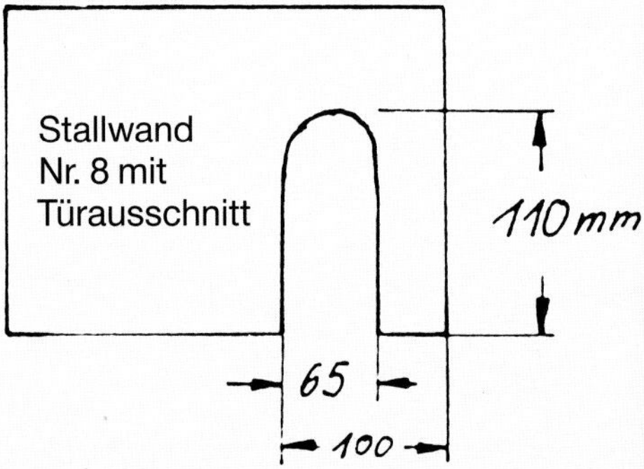

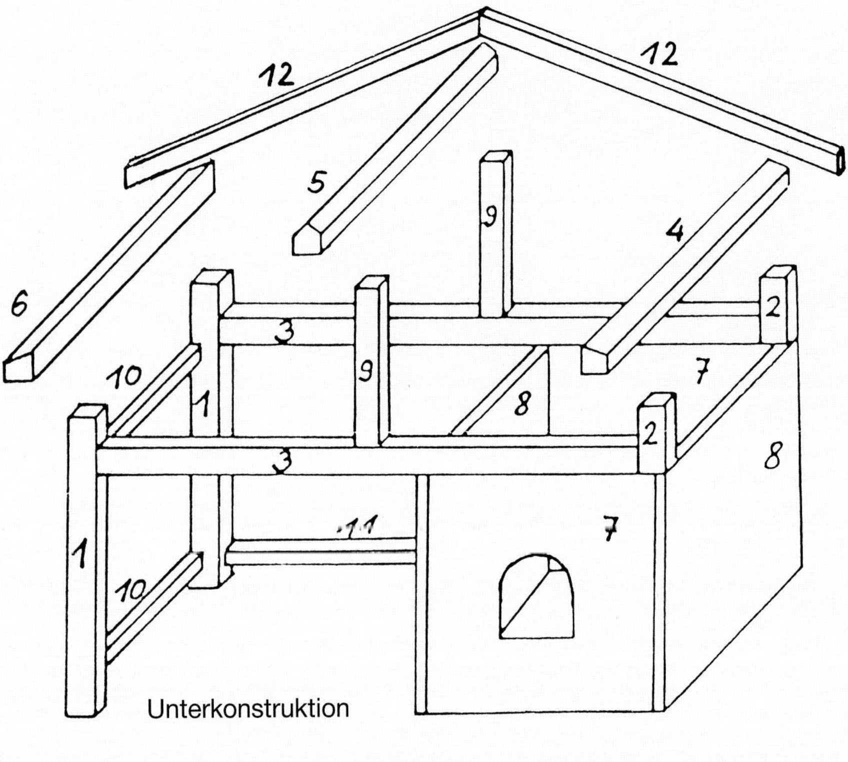

Unterkonstruktion

Montage

Unterkonstruktion

Begonnen wird mit dem Zusammenbau des Stalles. Die Teile Nr. 7 und 8 werden bündig und rechtwinklig verleimt, evtl. zusätzlich vernagelt oder verschraubt. Die Vorderseite bildet Teil Nr. 7 mit dem Fenster, links davon wird das Teil Nr. 8 mit der Tür angebracht. Der Stall ist 15 cm breit und 16 cm tief.

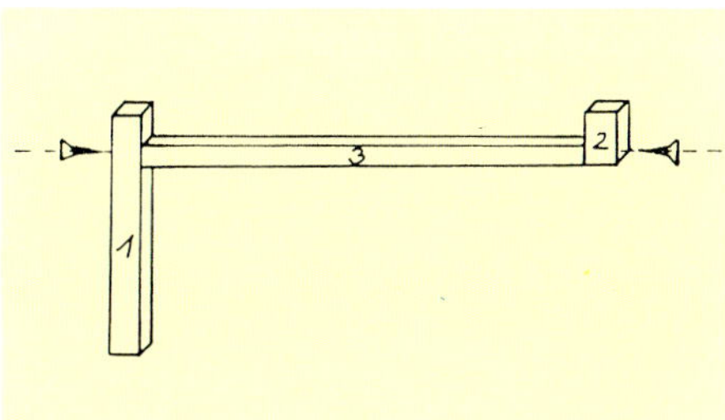

Die Teile Nr. 1, 2 und 3 entsprechend der Skizze zweimal zusammenfügen. Die Firstträger Nr. 9 werden in der Mitte der Querbalken Nr. 3 von unten angeschraubt. Die Querholme Nr. 10 und 11 an die Tragebalken Nr. 1 anschrauben. Die Oberkante des Querholms Nr. 10 verläuft in Höhe Oberkante der Stallwand. Das fertige Teil wird auf die Stallwände bündig aufgesetzt und verschraubt.

Pfette Nr. 4 wird auf die Tragebalken Nr. 2 gelegt. Überstand nach vorn 3 cm, nach hinten 1 cm. Von oben anschrauben. Gleiches gilt für die Pfette Nr. 6 und den Firstbalken Nr. 5.

Die Stallwände werden verputzt. Dazu Gips anrühren und mindestens 2 mm dick beidseitig auftragen. 2 bis 3 Tage trocknen lassen.

Der Rohbau wird auf der Grundplatte so ausgerichtet, daß vorn und auf einer Seite möglichst viel Platz zum Aufstellen der Figuren bleibt. Die Dachränder sollen jedoch nicht über die Grundplatte hinausragen. Von unten wird die Grundplatte an den vier Ecken des Stalls und am Tragebalken Nr. 1 angeschraubt.

Dachkonstruktion

Zum Schneiden der Sparren wird jeweils ein Sparren links und rechts auf den Firstbalken gelegt. Mit Bleistift den Schnittwinkel anzeichnen, so daß die Sparren auf dem Firstbalken bündig aneinanderstoßen. Das andere Ende der Sparren wird im rechten Winkel zur Grundplatte geschnitten.

Der Dachüberstand sollte nicht weniger als 4 cm betragen.

Die sichtbaren Kanten der Holzleisten werden mit einem scharfen Messer gebrochen und mit Schmirgelpapier nachgeschliffen. Jetzt kann der Rohbau gebeizt werden (siehe Seite 4).

Anbringen der Dachsparren

Die zugeschnittenen und gebeizten Sparren werden hochkant auf die Pfetten Nr. 4 und 5 bzw. 6 und 5 aufgeleimt.

Jeweils ein Sparrenpaar verläuft bündig über die Querbalken Nr. 3, ein weiteres Paar verläuft in der Mitte dieser beiden Sparren und vorne an den Pfettenenden.

Einbau des Heubodens

Für den Heuboden werden die beiden Bodenbalken Nr. 13 (in der Montageskizze nicht eingezeichnet) parallel neben die beiden Querbalken Nr. 3 gelegt und auf den Stallwänden und dem oberen Querholm Nr. 10 aufgeleimt. Die Bodenbalken dürfen an der Stallwand Nr. 8 und am Querholm Nr. 10 nicht überstehen.
Für den Heuboden 2–3 mm starke Brettchen von Salatkisten verwenden, die man in der Länge so schneidet, daß sie zwischen den beiden Querbalken Nr. 3 auf die Bodenbalken aufgelegt und aufgeleimt werden können. In der Breite können sie beliebig von 1–3 cm mit einem scharfen Messer gespalten werden.

Holzverkleidung

Im Baumarkt ein bereits gebürstetes Profilbrett (ca. 12 × 300 cm) kaufen und auf eine Stärke von 2–3 mm abhobeln lassen.
Mit dem Befestigen des Verschlags beginnt man am besten auf der Rückseite der Krippe. Die Länge der Verschlagbretter wird dem Rohbau entnommen. Die Bretter werden der Dachneigung entsprechend abgelängt und mit einem scharfen Messer in beliebige Breiten gespalten. Der Verschlag sollte bis zum oberen Rand der Sparren reichen und möglichst ungleichmäßige Ritzen haben.

Die Verschlagbretter werden auf die äußeren Sparren, Querbalken und Querholmen geleimt. Die restlichen Wände in der gleichen Weise arbeiten, wobei die gebürstete Seite der Bretter immer in Richtung des Betrachters zeigt.

Dacheindeckung

Für die Dacheindeckung werden zuerst auf jeder Dachseite vier Dachlatten quer über die Sparren geleimt. Die oberste Dachlatte wird soweit wie möglich oben am First angebracht, die restlichen drei auf jeder Dachseite gleichmäßig verteilt, die unterste ca. 2–3 cm vom unteren Dachrand entfernt. Die Latten bestehen aus ca. 1 cm breiten und 1–2 mm dicken Streifen, die in der Länge mit den Pfetten abschließen.

Für das Schindeldach wird das gleiche Material wie für den Verschlag verwendet. Die Bretter dafür sollten jedoch 3–4 cm breit sein und in der Länge etwas mehr als das halbe Dach bedecken.

Begonnen wird die Eindeckung mit der unteren Reihe hinten. Die Schindeln sollen auf zwei Dachlatten aufliegen und etwa bis zum unteren Sparrenende reichen und mit der Pfette abschließen. Damit am Dach keine durchgehenden Schindelstöße entstehen, muß bei der unteren Reihe vorne mit einer halben Schindel begonnen werden. Vorne sollte das Dach ca. 1 cm über den vorderen Sparren ragen. Die obere Schindelreihe wird bis zur Oberkante des Firstbalkens gelegt und muß die untere Schindelreihe 1–2 cm schuppenartig überlappen.

Ein sehr guter Effekt wird erzielt, wenn man die Schindelbretter auf der Seite, die nicht überlappt wird, in der Länge einfach abbricht.
Die Schindeln werden erst aufgeleimt, wenn alle Schindeln für eine Dachseite geschnitten und angepaßt wurden. Die Eindeckung der zweiten Dachseite erfolgt in gleicher Weise.

Als Firstkappe dient ein gerader, halbierter Holunderzweig. Das Mark wird entfernt, der Zweig über die gesamte Dachtiefe aufgeleimt.

Der Verschlag kann nach Fertigstellung des Daches gebeizt werden.

Befestigen der Randleisten
Um die Schnittflächen der Grundplatte zu verkleiden, werden die Randleisten Nr. 15 und 16 aufgeleimt und angenagelt. Die Leisten werden auf die richtige Länge geschnitten, gebürstet und gebeizt und dann mit der Unterkante der Grundplatte bündig befestigt.

Gestaltung der Grundplatte
Der Innenraum der Krippe wird mit Leim bestrichen und kurzgeschnittenes Stroh aufgestreut.

Den Außenbereich ebenfalls mit Leim bestreichen und Erde, Sand, Moos, trockene, feingeriebene Baumrinde aufstreuen.

Fenster und Türrahmen
Für Fenster- und Türrahmen ca. 5 mm starke Leisten beizen und auf Gehrung oder stumpf schneiden. Mit Ponal express ankleben.

Krippe C

Überall im ländlichen Raum findet man alte Holzscheunen. Ihr Verwendungszweck ist vielfältig.
Auf Hofstellen werden sie als Scheune oder Geräteschuppen benützt. Im Alpenraum – in freier Landschaft – dienen sie als Heuschober oder Unterstand und Stall für das Weidevieh.
Der rechtwinklige Grundriß, mit einem meist steilen Satteldach und eingebautem Heuboden sowie der an der Längsseite gelegene Zugang, ist zweckmäßig und typisch.
Die Krippe kann mit oder ohne den an der Giebelwand befindlichen Anbau gebaut werden.

Maße der Krippe
Stall mit Anbau 56×24 cm
Stall ohne Anbau 40×24 cm
Höhe 27 cm
Grundplatte 65×55×0,8 cm

Krippenfiguren
Geeignet sind Figuren mit 10 bis 12 cm Höhe.

Stückliste für Krippe C

Nr.	Bezeichnung	Profil	Maße in cm	Anzahl
1	Tragebalken	Vierkant	2×2×19	6
2	Tragebalken	Vierkant	2×2×12	2
3	Querholm	Vierkant	1,5×1×20	4
4	Querholm	Vierkant	1,5×1×15	4
5	Querholm	Vierkant	1,5×1×20	2
6	Pfette	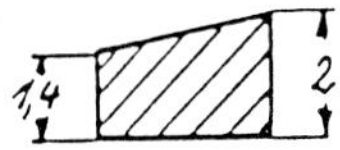	2×2×20	2
7	Querholm	Vierkant	1,5×1×15	1
8	Pfette	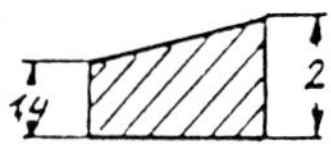	2×2×44	2
9	Querbalken	Vierkant	1,5×1,5×20	2
10	Firstbalken	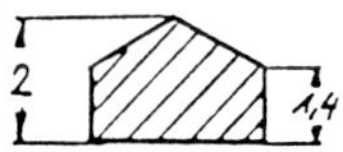	2×2×45	1
11	Firstträger	Vierkant	1,5×1,5×3	2
12	Sparren	Vierkant	1,5×0,8×21	15
13	Querholm	Vierkant	1,5×1×13	3
14	Streben	Vierkant	1×1×12	4
15	Stützbalken	Vierkant	1,5×1×11	1
16	Grundplatte		65×55×0,8	1
17	Leisten für die Grundplatte	Vierkant	1,5×0,5×66	2
18	Leisten für die Grundplatte	Vierkant	1,5×0,5×57	2
19	Senkkopf-Holzschrauben		30×2,5 mm	ca. 40

Außerdem benötigen Sie
250 ml Holzbeize (Wachsbeize)
1 Flasche Holzleim Ponal express
16 Leisten aus Furnierresten:
48 cm lang, 3 cm breit, 3 mm stark
9 Leisten aus Furnierresten:
21 cm lang, 3 cm breit, 3 mm stark
6 Obst- oder Salatkistchen
(Brettchenstärke ca. 3 mm)
oder, weil einfacher zu verarbeiten,
1 gebürstetes Profilbrett, ca. 3 m lang,
10 cm breit, 3 mm stark
(erhältlich im Baumarkt)
20 Leisten aus Furnierresten:
19 cm lang, 3 cm breit, 3 mm stark
Sand, Erde, Heu und Stroh

Materialbedarf in laufende Meter

Vierkant-Leisten	lfd. m
2,0 cm × 2,0 cm	3,30
1,5 × 1,0 cm	2,55
1,5 × 1,5 cm	1,05
1,5 × 0,8 cm	3,40
1,0 × 1,0 cm	0,50
1,5 × 0,5 cm	2,50

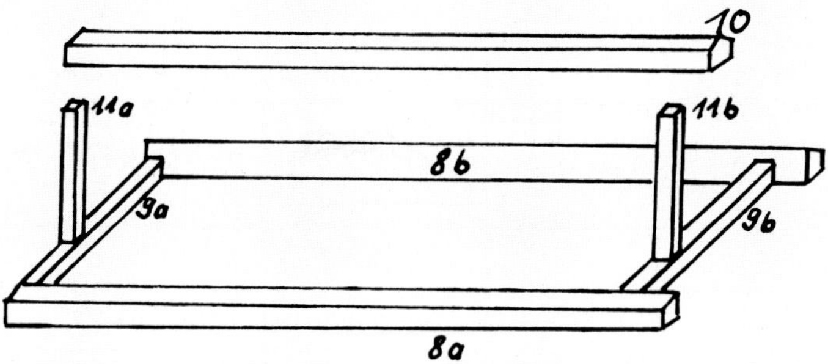

Dachkonstruktion

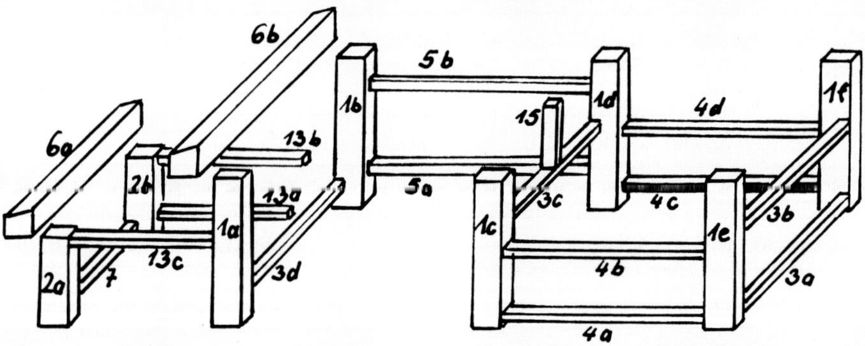

Unterkonstruktion

Montage

Unterkonstruktion
Die Tragebalken Nr. 1a bis 1f werden mit den Querholmen Nr. 3 sowie Nr. 4a bis 4d und Nr. 5a und b mit ihrer Breitseite außen bündig verschraubt.
Die Querholme Nr. 3c und 3b bilden die Auflage für den Heuboden und sollten beide im Abstand von 13 cm von der unteren Stirnseite der Tragebalken Nr. 1c, 1d, 1e und 1f befestigt werden. Die beiden Querholme Nr. 4b und 4d nach oben oder unten versetzen.
Den Querholm Nr. 4a ca. 5 cm von der unteren Stirnseite der Tragebalken Nr. 1c und 1e anbringen.
Die restlichen Querholme werden immer etwas versetzt angebracht.
Die beiden Tragebalken Nr. 2a und 2b sowie die Querholme Nr. 7 und 13 werden noch nicht montiert.

Montage auf der Grundplatte
Dazu wird die Unterkonstruktion (ohne Anbau links) auf die Grundplatte gestellt und so ausgerichtet, daß die Tragebalken Nr. 1e und 1f etwa 4 cm Abstand vom rechten Rand der Grundplatte haben und die Tragebalken Nr. 1b, 1d und 1f etwa 3 cm vom hinteren Rand der Grundplatte entfernt stehen. Nach dem Ausrichten der Unterkonstruktion (rechten Winkel beachten), zeichnen Sie den Standort der Tragebalken auf. Die Grundplatte an den gekennzeichneten Stellen in der Mitte durchbohren (Bohrer 3,5 mm ∅). Die Grundplatte wird von unten an die Unterkonstruktion geschraubt.

Montage des Anbaues
Für den Anbau werden die beiden Tragebalken Nr. 2a und 2b auf der Grundplatte ausgerichtet und mit Bleistift gekennzeichnet. Die Grundplatte wird durchbohrt (Bohrer 3,5 mm ∅) und die Tragebalken mittig von unten mit der Grundplatte verschraubt. Der Abstand der Tragebalken Nr. 1a zu 2a sowie des Balkens Nr. 2a zu 2b entspricht der Länge der Querholme Nr. 13c (= 13 cm) bzw. des Querholms Nr. 7 (= 15 cm). Der Tragebalken Nr. 2a wird in der Tiefe ca. 1 cm gegenüber Tragebalken Nr. 1a nach hinten versetzt angebracht. Die Pfette Nr. 6a auf die beiden Tragebalken legen und von oben anschrauben. Die Pfette soll vorne ca. 1 cm überstehen.
Abschließend wird noch der Querholm Nr. 7 eingepaßt. Die Querholme Nr. 13 sowie die Pfette Nr. 6b noch nicht anbringen.

Dachkonstruktion
Die beiden Pfetten Nr. 8a und 8b werden mit den beiden Querbalken Nr. 9a und 9b verschraubt. Der Querbalken Nr. 9a wird bündig an den Stirnseiten der beiden Pfetten, der Querbalken Nr. 9b wird 3 cm nach innen versetzt angebracht.
Abschließend werden die Firstträger Nr. 11a und 11b auf den beiden Querbalken Nr. 9 in der Mitte von unten an-

geschraubt. Den Firstbalken Nr. 10 von oben auf die Firstträger schrauben. Der Überstand des Firstbalkens am Träger Nr. 11a beträgt 1 cm, der Überstand am Träger Nr. 11b beträgt wie bei den Pfetten Nr. 8 ca. 3 cm.

Die Dachkonstruktion wird auf die sechs Tragebalken Nr. 1 der Grundkonstruktion gelegt, ausgerichtet und von oben angeschraubt. Das Dach muß dabei links mit den Tragebalken Nr. 1a und 1b bündig abschließen. Die beiden Pfetten Nr. 8 und der Firstbalken Nr. 10 überragen die beiden Tragebalken 1e und 1f um ca. 3 cm.

Einbau des Heubodens

Dazu werden Furnierreste oder Bretter von Obst- oder Salatkistchen verwendet, die 2–3 cm breit, 2–3 mm stark und etwa 19 cm lang sind. Die Bretter auf die Querholme 3b und 3c aufleimen und vorne einfach abbrechen.

Anbringen der Dachsparren

Die Sparren werden hochkant vom Firstbalken Nr. 10 zu den Pfetten Nr. 8a und 8b gelegt und aufgeleimt. Die Stirnseiten der Sparren entsprechend der Dachneigung zuschneiden, damit sie auf dem Firstbalken mit den Stirnseiten bündig zusammenstoßen. Die Länge der Sparren sollte so bemessen sein, daß der Dachüberstand ca. 3 cm beträgt. Die Enden der Sparren werden im rechten Winkel zur Grundplatte geschnitten. Schneiden Sie die Sparren über dem Zugang der Scheune zur besseren Einsicht etwa 2 cm kürzer. Beim Aufleimen der Sparren ist darauf zu achten, daß jeweils ein Sparrenpaar über den Querbalken Nr. 9a und 9b des Daches verläuft. Sparren, Querbalken und Querholme bilden eine Senkrechte. Die restlichen Sparren werden in gleichen Abständen aufgeleimt.

Holzverkleidung an der Giebelseite des Anbaues

Bretter von Obst- oder Salatkistchen mit einem scharfen Messer der Länge

nach in ungleiche Breiten teilen (10 bis 40 mm). Vor dem Anbringen werden sie mit einer Drahtbürste gebürstet, bis die Holzmaserung hervortritt. Die Breiten und Kanten der Bretter sollen unregelmäßig sein.
Den Bretterverschlag vorerst nur am linken Giebel des Stalles anbringen. Die Bretter werden an den Sparren, am Querbalken Nr. 9a und am Querholm Nr. 3d angeleimt. Sie müssen in der Länge mit der Oberkante der Dachsparren abschließen.

Nachdem der Bretterverschlag an der Giebelseite angebracht ist, können die Querholme Nr. 13a, 13b und 13c angebracht werden. Die Querholme in der Länge entsprechend knapp zuschneiden und hochkant zwischen den Tragebalken Nr. 2 und dem Bretterverschlag einleimen. Außen verlaufen sie bündig mit den Tragebalken.
Die Oberkante der beiden Querholme Nr. 13b und 13c müssen mit den Stirnseiten der Tragebalken Nr. 2 bündig verlaufen; Querholm Nr. 13a und Nr. 7 wird mit 2 cm Abstand zur Gundplatte angebracht.
Als nächstes wird die Pfette Nr. 6b am Bretterverschlag befestigt.Die Pfette muß parallel zur Pfette Nr. 6a verlaufen und wird in einem Abstand von ca. 17 cm zur Grundplatte angeleimt. Jetzt können die Sparren auf den Pfetten Nr. 6 hochkant aufgeleimt werden. Zuvor die Sparren auf die richtige Länge schneiden, wobei die obere Stirnseite eine Schräge erhält, die dann am Bretterverschlag anliegt. Die untere Stirnseite im rechten Winkel zur Grundplatte schneiden. Der Dachüberstand sollte nicht mehr als 3 cm betragen. Der vordere und hintere Sparren bildet mit den Querholmen Nr. 13 eine senkrechte Linie. Der dritte Sparren wird in der Mitte aufgeleimt.

Streben und Versteifungen

Vor dem Anstrich sollten noch einige Streben eingebaut werden. Zuerst wird der Stützbalken Nr. 15 zwischen Heuboden und Firstbalken Nr. 10 eingepaßt und festgeleimt. Der Stützbalken kann mit zwei der Streben Nr. 14 noch beliebig verstrebt werden. Zwei Streben Nr. 14 werden jeweils schräg zwischen den Tragebalken Nr. 1a bzw. 1c und der Dachpfette Nr. 8a eingepaßt und eingeleimt. Die Länge der streben ist beliebig. Vor dem Festleimen die Kanten der Streben und Stützen mit einem scharfen Messer unregelmäßig brechen und mit Schmirgelpapier bearbeiten, das gilt auch für alle anderen sichtbaren Kanten.

Um einen Durchblick zwischen Dach und Dachpfette Nr. 8a zu vermeiden, werden zwischen den Dachsparren über dem Zugang der Scheune Leisten aufgeleimt. Die Leisten dürfen die Oberkante der Dachsparren nicht übertragen.

Anstrich
Die Beize wird mit einem Pinsel satt aufgetragen. Die gestrichenen, sichtbaren Teile werden nach dem Trocknen nochmals mit Schmirgelpapier bearbeitet, bis die Holzmaserung hervortritt.

Einbau des Heubodens im Anbau
Für den Heuboden im Anbau verwendet man, wie schon für den Heuboden der Scheune, Bretter in verschiedenen Breiten von 2–3 mm. Die Bretter werden auf die Querholme Nr. 13b und 13c aufgeleimt und dürfen diese nicht überragen.

Holzverkleidung
Nach dem Anstrich wird der Bretterverschlag angebracht. Die Bretter sind an den Querholmen, Pfetten oder Sparren anzuleimen. Die Tragebalken werden an den Außenseiten auch verkleidet.

Für das Fenster auf der rechten Vorderseite werden zwischen den Querholmen Nr. 4a und 4b zwei senkrechte Streben eingepaßt, an denen das Fensterkreuz angeleimt wird. Das Fensterkreuz besteht aus zwei Leisten, die am Kreuzungspunkt beidseitig eingezapft und mit Ponal express zusammengeklebt sind.
Zur Auflockerung der Vorderfront kann der Verschlag über dem Fenster mit schmalen Leisten und Zwischenräumen gestaltet werden. Anschließend wird alles gebeizt.

Dacheindeckung
Für das Dach wird das gleiche Material wie für den Verschlag verwendet. Für die Scheune werden ca. 15 Streifen mit einer Länge von 48 cm, einer Breite von 3–3,5 cm sowie einer Stärke von 2 bis 3 mm benötigt, für den Anbau 12 Streifen mit einer Länge von 22 cm.
Mit dem Eindecken wird auf der rückwärtigen Dachseite unten am Überstand begonnen. Der erste lange Streifen liegt quer über dem gesamten Dach auf den Sparren, wobei er ca. 2–3 mm über das Ende der Sparren reichen soll. An den Giebelseiten sind die Streifen nach dem Firstbalken auszurichten. Der zweite Streifen und alle weiteren werden ebenso ausgerichtet und überlappen schuppenartig in der gesamten Länge den jeweils vorherigen Streifen um 4–6 mm.
Zu beachten ist dabei, daß die Überlappung möglichst gleichmäßig erfolgt und der letzte Streifen am First nicht geschnitten werden muß, d.h. entsprechend ziehen oder mehr überlappen. Die Streifen auf die Sparren aufleimen. Vorher sollten jedoch die Stirnseiten

und die sichtbaren Kanten der Streifen unbedingt mit einem Messer und Schleifpapier unregelmäßig gebrochen werden.
Da die Sparren über dem Zugang zur Scheune gekürzt wurden, müssen Sie beim Eindecken der vorderen Dachseite mit zwei kurzen Dachstreifen beginnen. Die restlichen kurzen Dachstreifen werden für das Dach des Anbaues verwendet.
Die Firstkappe ist ein halbierter Holunderzweig (2–3 cm ∅) aus dem das Mark entfernt wurde. Er ist über die gesamte Dachlänge als Dachabschluß auf den First geleimt.

Befestigen der Randleisten

Um an der Grundplatte einen Abschluß zu erreichen, sind die Leisten Nr. 17 und Nr. 18 anzubringen. Die Leisten werden auf die richtige Länge geschnitten, gebeizt und nach dem Trocknen mit Ponal express an den Schnittkanten, unten bündig mit der Grundplatte, befestigt.

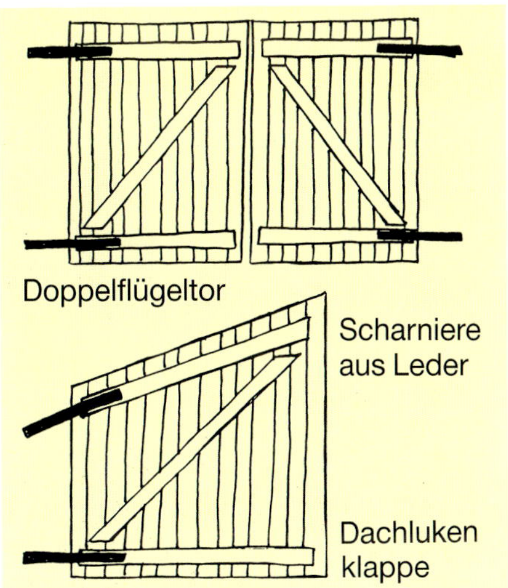

Anbringen der Tore am Anbau

An der Vorderfront des Anbaues wird ein Doppelflügeltor sowie eine Dachlukenklappe angebracht. Die Dachlukenklappe kann auch entfallen. Der obere Bereich der Vorderfront bleibt dann offen oder er wird durch einen Bretterverschlag geschlossen. Die beiden Torflügel haben die gleiche Breite. Das Maß ergibt sich aus der lichten Weite der offenen Vorderfront minus 1–2 mm.
Für das Tor wird das gleiche Material wie für den Heuboden verwendet, Länge ca. 12,3 cm. Die Streifen mit einem Messer auf eine Breite von ca. 1 cm schneiden, auf einer ebenen Unterlage bis zur entsprechenden Breite nebeneinanderlegen und ausrichten. Auf diese Streifen wird oben und unten quer über die gesamte Breite des Tores ein weiterer Streifen geklebt. Den dritten Streifen diagonal aufkleben. Als Scharniere dienen kleine Lederstreifen. Die Dachlukenklappe wird in gleicher Weise in beliebigem Maß hergestellt.
Die Scharniere werden am Tor sowie am Verschlag mit kleinen Nägeln (6 bis 8 mm) befestigt. die Tore werden gebeizt und nach dem Antrocknen mit Schmirgelpapier abgeschliffen. Das Befestigen am Verschlag erfordert Geduld. Es geht leichter, wenn die Tore einfach halboffen angebracht und in dieser Stellung belassen werden.

Gestaltung der Grundplatte

Den Boden des Innenraumes mit Leim einstreichen und ca. 1 cm lange Strohhalme aufstreuen. Den Außenbereich ebenfalls mit Leim bestreichen und mit fein zerriebenen, dürren Holzrinden und grauem Baummoos bestreuen. Den Heuboden noch mit Heu füllen.

Krippe D

Die Krippe besteht aus einem Stallgebäude mit verputzten Mauern und darüberliegendem Heuboden, sowie aus einer seitlich zurückversetzt angebrachten Scheune, die nach vorne offen ist. Das Dach ist mit Schindeln eingedeckt.
Diese Form entspringt der Phantasie, könnte jedoch auch in den Alpenländern angetroffen werden.

Maße der Krippe
Breite 43 cm, Tiefe 29 cm, Höhe 28 cm
Grundplatte 60 × 50 × 0,8 cm

Krippenfiguren
Figuren bis 12 cm Höhe sind für diese Krippe geeignet.

Stückliste für Krippe D

Nr.	Bezeichnung	Profil	Maße in cm	Anzahl
1	Tragebalken	Vierkant	2,2×2,2×16	2
2	Tragebalken	Vierkant	2,2×2,2×24	2
3	Tragebalken	Vierkant	2,2×2,2×20	2
4	Querholm	Vierkant	1,5×1×10	2
5	Pfette	Winkel ca. 15° 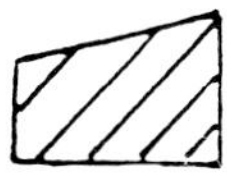	2,2×2,2×17.5	1
6	Pfette	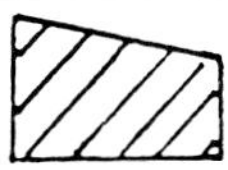	2,2×2,2×32	1
7	Firstbalken		2,2×2,2×32	1
8	Querholm	Vierkant	1,5×1×24	2
9	Brett für Mauer	Vierkant	12,5×15×1	2
10	Brett für Mauer	Vierkant	24,5×15×1	2
11	Bodenbalken	Vierkant	0,75×0,75×21	3
12	Bodenbalken	Vierkant	0,75×0,75×43	2
13	Sparren	Vierkant	1,5×1×35	3
14	Sparren	Vierkant	1,5×1×24	5
15	Sparren	Vierkant	1,5×1×9	2
16	Stützbalken	Vierkant	1,5×1×9	1
17	Streben	Vierkant	1×1×11	3
18	Leisten für Fensterrahmen	Vierkant	1×0,5×28	2
19	Leisten für Türrahmen	Vierkant	1×0,5×35	2
20	Grundplatte		50×60×1	1
21	Leisten für die Grundplatte	Vierkant	50×2×0,75	2
22	Leisten für die Grundplatte	Vierkant	62×2×0,75	2
23	Reserveholz	Vierkant	1,5×1×35	1

Außerdem benötigen Sie

1 Flasche Holzleim, Ponal express
250 ml Holzbeize (Wachsbeize)
Senkkopf-Holzschrauben:
6 Stück 3,5×25 mm
30 Stück 3×35 mm
Sand, Erde, Baumrinde, Heu und Stroh
8 Obst- oder Salatkistchen
oder, weil einfacher zu verarbeiten,
1 gebürstetes Profilbrett, ca. 3 m lang, ca. 10 cm breit und 30 mm stark (erhältlich im Baumarkt)

Materialbedarf in laufende Meter

Vierkant-Leisten	lfd. m
2,20 × 2,20 cm	2,2
1,50 × 1,00 cm	3,7
0,75 × 0,75 cm	1,6
0,50 × 1,00 cm	1,4
0,75 × 2,00 cm	2,3

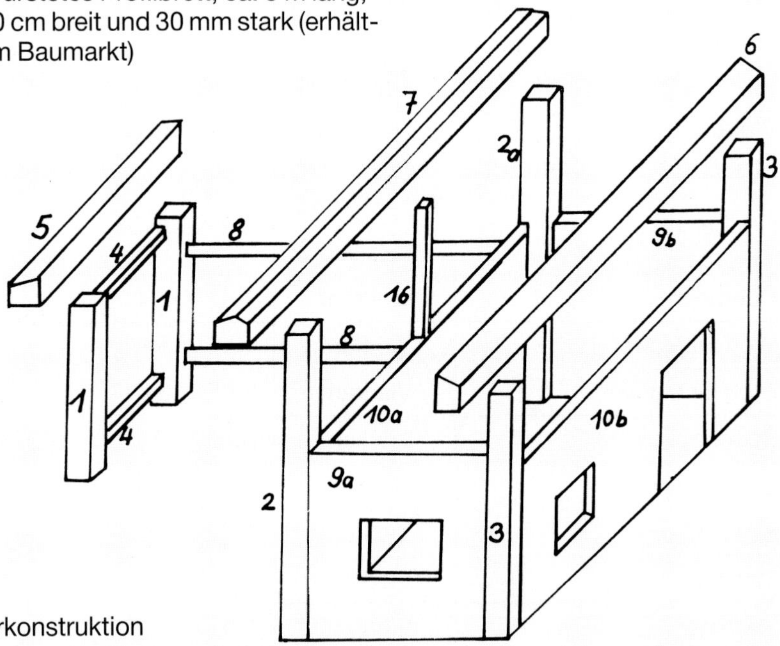

Unterkonstruktion

Maße für die Wände 10a und 10b in cm

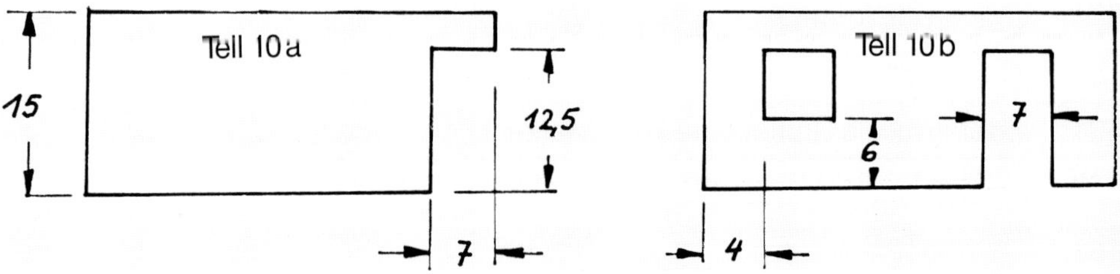

Montage

Unterkonstruktion

Vor dem Zusammenbau sind Türen und Fenster aus den Teilen Nr. 9a, 10a und 10b auszusägen.

Die Tragebalken Nr. 1a, 1b und 2a werden mit den Querholmen Nr. 4 und Nr. 8 im rechten Winkel zusammengeschraubt. Die Teile mit einem Bohrer, 2 mm ∅, vorbohren und die Tragebalken mit einem Bohrer, 3,5 mm ∅, aufbohren. Die Querholme mit ihrer Breitseite außen bündig mit den Tragebalken verschrauben (Schrauben 3×35 mm).

Die beiden Querholme Nr. 4 sind im Abstand von 1 cm von der unteren und oberen Stirnseite der Tragebalken Nr. 1 anzubringen. Die Querholme Nr. 8 versetzt anbringen.

Die beiden Tragebalken Nr. 3a und 3b und der Tragebalken Nr. 2b werden mit den Wänden Nr. 9b, 10b, 9a und 10a verschraubt. Verwenden Sie dazu die Schrauben 3×35 mm.

Die Wände sind an den Tragebalken außen bündig.

Zur Fertigstellung der Unterkonstruktion noch die beiden Wände Nr. 9b und 10a an dem Tragebalken Nr. 2a befestigen, die Schrauben wieder versetzt anbringen.

Die Pfetten Nr. 5 und 6 sowie den Firstbalken Nr. 7 schrauben Sie von oben auf den Tragebalken (Schrauben 3×35 mm). Überstand nach hinten 1,5 cm.

Alle sichtbaren Kanten und Ecken mit einem scharfen Messer unregelmäßig brechen und mit Schmirgelpapier bearbeiten.

Die Grundplatte wird von unten mit den Tragebalken verschraubt (Schrauben 3,5×25 mm).

Stallmauern

Die Stallwände Nr. 9 und 10 werden innen und außen mindestens 2 mm dick mit Gips bestrichen. Die Tragebalken werden bis zur Höhe der Wände mitverspachtelt, die Schnittflächen der Mauern, der Türen- und Fensterausschnitte werden freigelassen. Die Mauern läßt man 1–2 Tage in einem warmen Raum trocknen.

Einbau des Heubodens

Sind die Wände trocken, wird der Heuboden eingebaut. Leimen Sie einen der beiden Bodenbalken Nr. 12 neben den drei hinteren Tragebalken auf die Mauer Nr. 10b und auf den oberen Querholm Nr. 4. Der zweite Balken Nr. 12 verläuft im Abstand von ca. 55 mm parallel zum ersten.

Die Bodenbalken Nr. 11 im Abstand von ca. 55 mm parallel zu den anderen auf den Mauern Nr. 10b und 10a aufleimen. Sie sollen an der Mauer Nr. 10a ca. 3 bis 4 cm überstehen. Als Bodenbelag verwendet man ca. 3 mm dicke und 1 bis 3 cm breite Bohlen. Damit wird der Stall und der hintere Bereich der Scheune abgedeckt.

Zwischen Boden und Firstbalken wird der Stützbalken Nr. 16 eingepaßt und festgeleimt.

Vom Boden aus verleimt man links und rechts des Stützbalkens Nr. 16 die zwei Streben Nr. 17 schräg nach oben zum Firstbalken.

Anbringen der Dachsparren

Man schneidet die Dachsparren Nr. 13, 14 und 15 auf die richtige Länge. Die Stirnseiten der Sparren werden entsprechend der Dachneigung hochkant so zugeschnitten, daß sie am Firstbalken bündig zusammenstoßen. Das andere Ende wird rechtwinklig zur Grundplatte geschnitten. Den Überstand der Sparren am Dachrand kann man selbst bestimmen.

Die beiden Sparren Nr. 15 schneidet man in gleicher Weise zu und beläßt sie so lang als möglich.

Mit dem Aufkleben der Sparren wird an der Rückfront begonnen. Sparren Nr. 13 und 14 werden auf dem Firstbalken Nr. 7 stirnseitig zusammengestoßen und über dem Querholm Nr. 8 sowie über der Mauerrückwand Nr. 9 an den Pfetten und am Firstbalken aufgeleimt. Abstand zu den Pfettenenden ca. 15 mm.

Die restlichen Sparren Nr. 13 und 14 werden im Abstand von jeweils 60 mm parallel zu den ersten angebracht, wobei der vorderste Sparren Nr. 14 außen bündig über der Mauer Nr. 9a anzubringen ist.

Die beiden Sparren Nr. 15 stirnseitig an die beiden einzelnen Sparren Nr. 14 auf den Firstbalken als Dachüberstand.

Der vordere der beiden Sparren Nr. 15 erhält eine Strebe (Nr. 17), die zwischen der Sparrenunterseite und dem Tragebalken Nr. 2a schräg eingepaßt und angeleimt wird. Die Stirnseiten der Strebe entsprechend zuschneiden.

Anstrich

Jetzt alle Holzteile des Rohbaus sowie die Dachsparren beizen. Nach dem Trocknen der Beize werden die sichtbaren Holzteile nochmals leicht mit Schmirgelpapier geschliffen.

Dacheindeckung

Als Dachlatten werden 2–3 mm starke und 10–20 mm breite Holzlatten verwendet. 4 Stück = 20 cm lang, 6 Stück = 35 cm lang. Man kann dazu Furnierreste oder das Holz von Salat- oder Obstkistchen verwenden.

Nach dem Zuschneiden werden zwei der längeren Latten links und rechts des Firstbalkens quer über die Sparren geleimt, so daß sie in der gesamten Länge am First zusammenstoßen. Der Überstand sollte bei allen Latten vorne und hinten gleich groß sein.

Je eine weitere lange Dachlatte wird ca. 10 mm vor dem Ende der beiden kurzen Sparren Nr. 15 auf der linken Dachseite und eine ca. 10 mm vor dem Ende der rechten Dachseite befestigt. Die restlichen drei langen Dachleisten werden auf der rechten Dachhälfte ausgemittelt und aufgeleimt.

Eine der kürzeren Dachlatten wird ca. 10 mm vor dem Ende der linken Dachhälfte befestigt, der Rest der kurzen Latten ist zwischen den bereits vorhandenen Dachlatten anzukleben.

Die Dachlatten müssen an jedem Sparren befestigt werden. Sollte dies durch Anleimen nicht möglich sein, nimmt man zum Befestigen kleine Nägel (10 mm).

Die Schindeln fertigen Sie auch aus Brettchen von Obst- oder Salatkistchen. Sie sollten alle möglichst gleich stark sein (ca. 3 mm). Die Breite kann zwischen 20 und 40 mm variieren.

Beim Eindecken beginnt man am linken Dachende vorne. Die Länge der Schindeln muß so gewählt werden, daß sie auf den beiden unteren Dachlatten aufliegen und ca. 10 mm über das Sparrenende ragen.

Wenn die Länge der unteren Schindelreihe ermittelt ist, bricht man die Holzbrettchen unregelmäßig ab.

Für die zweite Schindelreihe wird die Länge so gewählt, daß sie auf der nächstfolgenden Dachlatte aufgeleimt werden kann und die untere Schindelreihe 20–30 mm überlappt.

Die Schindeln sind versetzt aufzukleben. auf diese Art wird das ganze Dach eingedeckt, wobei die beiden obersten Schindelreihen am First mit den Stirnseiten zusammenstoßen.

Als Firstkappe eignet sich ein gerader Holunderzweig (20–30 mm ∅). Er wird halbiert und das Mark entfernt. Er wird über die gesamte Firstlänge aufgeklebt.

Holzverkleidung

Für den Bretterverschlag, der aus 3 bis 4 mm starken und 10–40 mm breiten Brettern bestehen soll, eignen sich Obst- oder Salatkistchen. Um dem Verschlag ein altes Aussehen zu geben, werden die Bretter vor dem Zuschneiden mit einer Drahtbürste gebürstet, bis die Maserung des Holzes hervortritt.
Einfacher ist es, wenn Sie ein bereits gebürstetes Profilbrett (Baumarkt) verwenden und dieses auf ca. 3 mm Stärke abhobeln lassen.
Die Brettchen mit einem scharfen Messer in verschiedene Breiten spalten. Die Brettchen oben entsprechend der Dachneigung zuschneiden und unten möglichst unregelmäßig abbrechen. Mit Ponal express ankleben. Beginnen Sie mit dem Verschlag über der Mauer Nr. 9a. Die Brettchen am Dachsparren ankleben, sie reichen ca. 5 mm über den Mauerrand. Der Verschlag über der Mauer Nr. 9b und 10b wird in gleicher Weise angebracht und am Sparren bzw. an der Pfette Nr. 6 befestigt.
Die Bretter des rückseitigen Verschlags schneidet man wieder entsprechend der Dachneigung zu und klebt sie am Sparren und an den beiden Querholmen Nr. 8 an. Der Verschlag auf der linken Seite ist an der Pfette Nr. 5 und am unteren Querholm Nr. 4 zu befestigen. Die Öffnung der Scheune können Sie individuell gestalten.
Der Verschlag wird gebeizt und nach dem Antrocknen mit Schmirgelpapier leicht angeschliffen.

Fenster- und Türrahmen

Zur Herstellung der Fensterrahmen verwendet man die beiden Leisten Nr. 18, die in der entsprechenden Länge auf Gehrung oder stumpf zugeschnitten werden. Nach dem Einpassen werden sie gebeizt und eingeleimt.
Die Herstellung der Türrahmen erfolgt in gleicher Weise. Verwenden Sie dazu die Leisten Nr. 19.

Befestigen der Randleisten

Um die Schnittkanten der Grundplatte zu verdecken, werden die Leisten Nr. 24 und 25 mit Ponal express aufgeleimt und anschließend gebeizt.

Gestaltung der Grundplatte

Den Boden des Stalles und der Scheune mit Leim bestreichen und kurzgeschnittenes Stroh (ca. 10 mm lang) satt aufstreuen.
Den Außenbereich ebenfalls mit Leim einstreichen und Sand, Erde, Moos und fein zerriebene Holzrinde aufstreuen.

Krippe E

Das letzte in diesem Buch vorgestellte Krippenmodell ist das mit dem geringsten Aufwand.
Der Stall wurde nur mit dürren Ästen und Zweigen sowie mit alten, bereits etwas angemoderten Brettern gefertigt. Trotzdem, oder gerade deswegen kommt sie den Überlieferungen aus der Bibel wohl am nächsten und ist am wenigsten von Klischeevorstellungen geprägt.
Der Platzbedarf für diese Krippe ist gering und sie ist für die Aufstellung kleinerer Figuren geeignet.

Krippenmaße
Breite 25 cm, Tiefe 18 cm
Grundplatte 40×40×0,8 cm

Krippenfiguren
Nicht höher als 10 cm.

Stückliste für Krippe E

Nr.	Bezeichnung	Profil	Maße in cm	Anzahl
1	Tragebalken	Rundholz	14×3 cm ∅	2
2	Tragebalken	Rundholz	11×3 cm ∅	2
3	Querbalken	Rundholz	30×1,5 cm ∅	2
4	Sparren	Rundholz	28×1 cm ∅	4
5	Querholm	Rundholz	13×1 cm ∅	2
6	Querholm	Rundholz	21×1 cm ∅	1
7	Streben	Rundholz	10×1 cm ∅	2
8	Randleisten für Grundplatte	Vierkant	41×1,5×0,5 cm	4
9	Senkkopf-Holzschrauben		30×3 mm ∅	5

Achtung: Die Teile 1 bis 7 werden erst beim Zusammenbau auf die angegebene Länge geschnitten.
Rohmaterial mindestens 2 cm länger belassen.

Außerdem benötigen Sie
1 kleine Flasche Holzbeize (Wachsbeize)
1 Flasche Holzleim Ponal express
Nägel, 10–20 mm lang, ca. 20 Stück je Länge
4 Holzleisten als Dachlatten 30 cm lang, 1 cm breit, 1–2 mm stark
2 alte Salat- oder Obstkistchen mit 2–3 mm starken Brettchen
oder, weil einfacher zu verarbeiten,
1 gebürstetes Profilbrett, 1 m lang, 10 cm breit, abgehobelt auf 2–3 mm Stärke (erhältlich im Baumarkt)
Sand, Erde, Baummoos, Baumrinde, Heu und Stroh

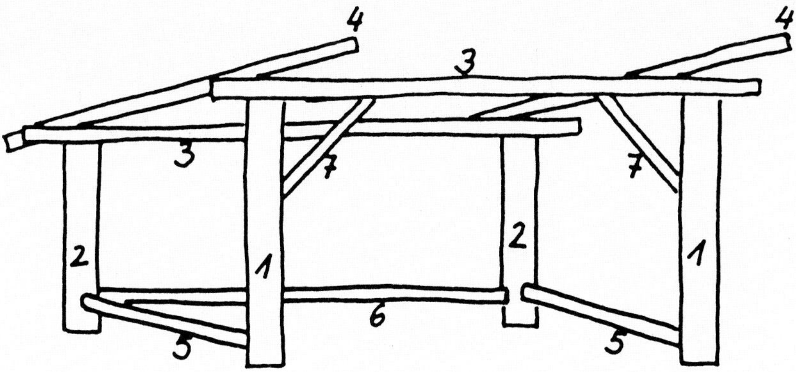

Unterkonstruktion

Maße für die Montage der Tragebalken

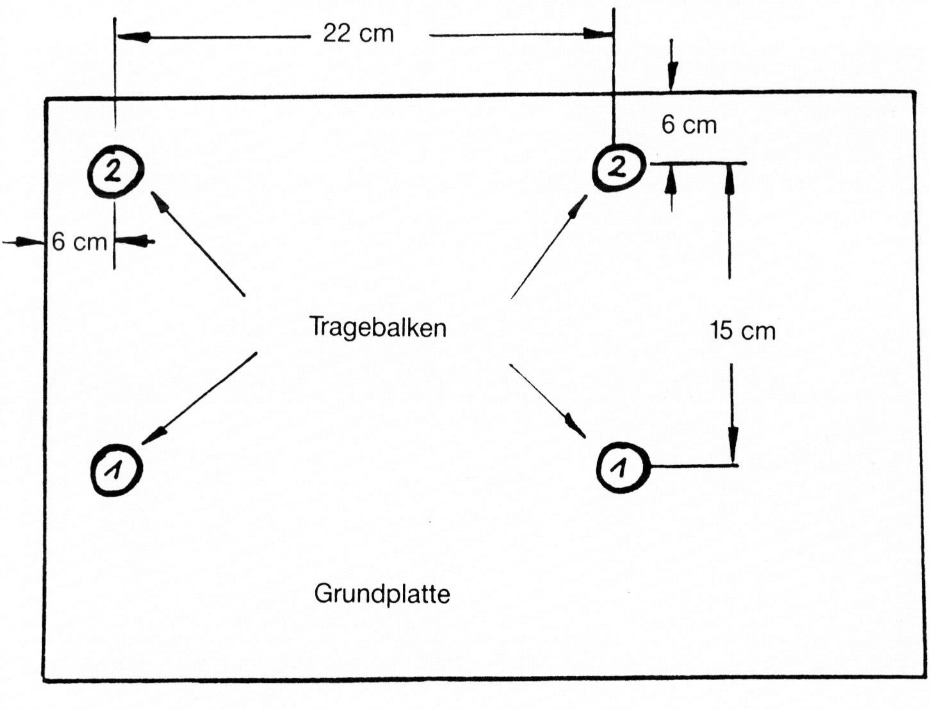

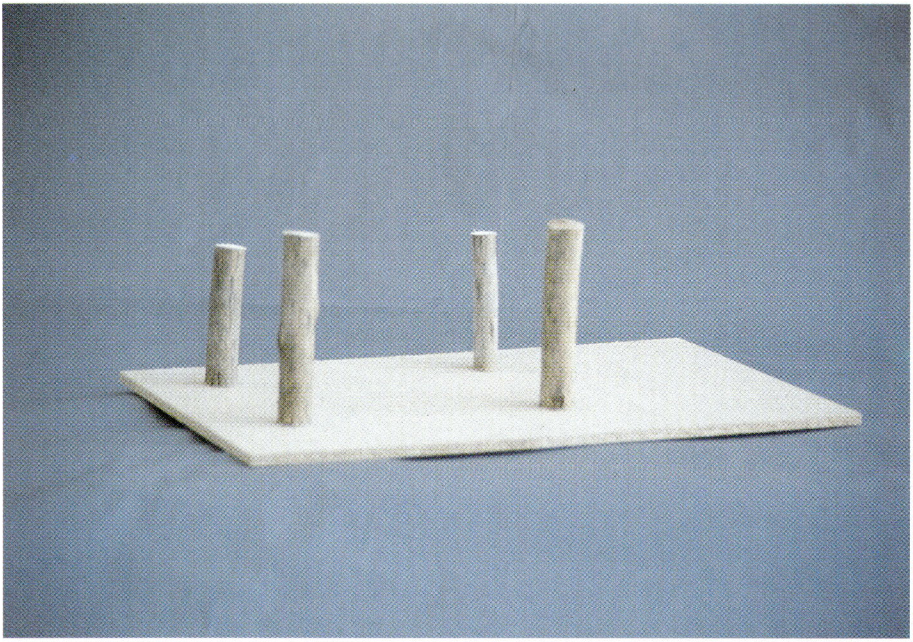

Montage

Unterkonstruktion

Die dürren Äste oder Zweige für die Tragebalken Nr. 1 und 2 werden zugeschnitten und entsprechend der Montageskizze auf der Grundplatte von unten festgeschraubt (Senkkopfschrauben 30×3 mm). Die Grundplatte mit Bohrer 3,5 mm ∅ vorbohren. Auf senkrechten Stand der Tragebalken achten.
Die Querbalken Nr. 3 werden auf die Tragebalken Nr. 1 und 2 gelegt und verleimt. Die Querbalken stehen ca. 1,5 cm über die Tragebalken hinaus. Die beiden Querholme Nr. 5 knapp zwischen die Tragebalken Nr. 1 und 2 einpassen und einleimen. Der Abstand zur Grundplatte sollte ca. 3 cm betragen. Der Querholm Nr. 6 in gleicher Weise zwischen den Tragebalken Nr. 2 anbringen.
Die Querholme werden außen auf ihrer ganzen Länge vor dem Einleimen mit einem Messer etwas abgeflacht. Das erleichtert später das Ankleben des Bretterverschlags.
Die Sparren Nr. 4 werden auf die Querbalken Nr. 3 aufgelegt und verleimt.
Um die Auflageflächen für die Sparren zu vergrößern, werden vorher die Querbalken an den Auflagestellen mit dem Messer abgeflacht. Die beiden äußeren Sparren sind im Bereich zwischen den beiden Tragebalken ebenfalls etwas abzuflachen und so anzubringen, daß sie über den Querholmen Nr. 5 verlaufen. Die übrigen Sparren werden in gleichmäßigem Abstand auf dem Dach verteilt. Der Überstand der Sparren sollte nach vorn größer sein. Die beiden äußeren Sparren mit 20 mm langen Nägeln auf den Querbalken Nr. 3 nageln.

Aufleimen der Dachlatten

Die vier Holzleisten werden quer auf die Sparren geleimt. Die oberste Dachlatte wird 1 cm vor dem Sparrenende befestigt, die restlichen in gleichmäßigem Abstand auf dem Dach verteilt (siehe Abbildung auf Seite 43).

Die Länge der Dachlatten richtet sich nach beiden Querbalken Nr. 3.

Es werden vier Lattungen benötigt.

Einbau der Streben

Die beiden Streben Nr. 7 werden zwischen den beiden Tragebalken Nr. 1 und dem Querbalken Nr. 3 eingepaßt, zugeschnitten und eingeleimt. Die Länge ist beliebig.

Anbringen des Bretterverschlags

Für den Bretterverschlag verwenden Sie die Brettchen von Obst- oder Salatkistchen oder das gebürstete Profilbrett. Die Brettchen werden mit einem scharfen Messer unterschiedlich breit (1–2 cm) gespalten. Auf der Rückwand werden sie am Querbalken Nr. 3 und am Querholm Nr. 6 angeleimt, die seitlichen Verschlagbretter jeweils am äußeren Sparren und an den Querholmen Nr. 5. Die Länge der Bretter richtet sich nach dem Rohbaumaß. Beim Anbringen sollen Ritzen und Spalten entstehen und einige Verschlagbretter sollten abgebrochen sein oder ganz fehlen. Anschließend den Bretterverschlag mit Holzbeize streichen. Nach dem Trocknen nochmals mit Schmirgelpapier überschleifen.

Dacheindeckung

Für die zwei Schindelreihen werden die gleichen Bretter wie für den Verschlag verwendet. Die Schindelbreite beträgt ca. 4–6 cm. In der Länge bricht man sie über einer Tischkante einfach ab. Die untere Schindelreihe muß auf den beiden unteren Dachlatten aufliegen und den notwendigen Dachüberstand haben. Die obere Schindelreihe muß die untere etwa 3 cm überlappen.

Die Schindeln versetzt anbringen und mit der unteren Reihe beginnen, dann die obere Reihe auf die Lattung kleben. Abschließend das Dach beizen.

Anbringen der Randleisten

Die Schnittkanten der Grundplatte werden mit den Randleisten Nr. 8 beklebt. Auch die Randleisten werden gebürstet und gebeizt.

Gestaltung der Grundplatte

Der Boden im Stall wird mit Leim bestrichen und kurzgeschnittenes Stroh aufgestreut.

Auch der Außenbereich wird beleimt und Erde, Sand, kleine Steinchen, fein zerriebene Baumrinde aufgestreut.

Kleingeräte

Diese Arbeit erfordert etwas Geschick, Geduld und Liebe zum Detail.
Wichtig bei der Herstellung dieser Geräte ist, die richtigen Größenverhältnisse zu finden und einzuhalten. So muß für Figuren von 12 cm Höhe ein Besen oder Rechen natürlich etwas größer sein, als für Figuren von 8 cm Höhe.
Am einfachsten ist es, vor die stehende Figur ein dünnes Stück Holz oder einen Bleistift zu stellen, um daran die nach Augenschein richtige Höhe zu markieren.
Leitern, Futterraufen oder Holzstöße sind immer an der Größe der Krippe auszurichten.

Der Holzstoß
Für die Herstellung eines Holzstoßes wird ein möglichst gerader, 3–5 cm starker und 20–30 cm langer, runder Ast verwendet.
Von diesem Ast werden mit einer Säge 3–4 cm dicke Scheiben abgeschnitten. Mit einem scharfen Messer und einem Hammer die Scheiben halbieren und bis zur gewünschten Größe der Holzscheite spalten.

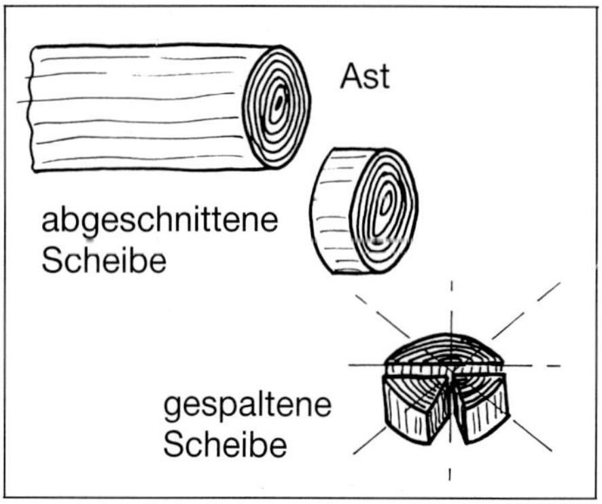

Sind genügend Scheite gespalten, wird der Holzstoß an der vorgesehenen Stelle aufgeschichtet. An den Enden des Holzstoßes werden zwei Pflöcke angebracht. Sie sind aus einem ca. 4 mm dicken, runden Zweig und in die Grundplatte eingebohrt.

Der Hackstock
Ein Hackstock kann aus dem gleichen Material wie die Holzscheite für den Holzstoß geschnitten werden.
In der Höhe sollte der Hackstock bis zu den Oberschenkeln der Figuren reichen.
Die obere Schnittkante des Stockes wird mit einem Messer unregelmäßig bearbeitet.

Die Futterraufe
Für eine Futterraufe benötigt man eine ca. 1 cm breite und ca. 0,5 cm starke Holzleiste, die je nach Größe der Krippe 5–10 cm lang sein sollte. In diese Leiste werden im Abstand von ca. 1,5 cm und in einem Winkel von ca. 60° schräge Löcher eingebohrt (3–3,5 mm ∅). In diese Löcher leimen Sie dann ca. 5 cm lange Stäbe ein, die man vorher mit dem Messer entsprechend grob rundet.
Mit der Breitseite der Leiste wird die fertige Raufe nach dem Beizen auf einem der unteren Querholme der jeweiligen Krippe aufgeleimt.

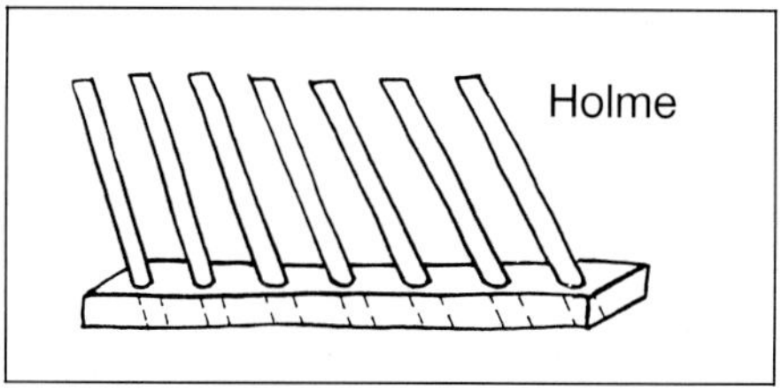

Die Leiter

Als Holme für die Leiter dienen zwei Holzleisten, die 0,7–1 cm breit und ca. 0,5 cm stark sein sollten. Die Länge der Leisten (= Länge der Leiter) richtet sich nach der Größe der Krippe. Die beiden Leisten werden aufeinander gelegt und gemeinsam durchbohrt. Der Abstand der Bohrungen zueinander ist der Abstand der Sprossen. Er sollte je nach Größe der Leiter 2–3 cm betragen. Als Sprossen eignen sich Zahnstocher aus Holz oder Schaschlikspieße. Dementsprechend ist auch der Bohrerdurchmesser zu wählen.

Sind die Leisten gebohrt, werden sie mit einem Messer vorsichtig zu Leiterholmen (entweder etwas flach oder rund) zugeschnitten und mit Schleifpapier nachbearbeitet. Danach verbindet man die beiden Holme, und zwar zuerst mit der untersten und der obersten Sprosse. Der Abstand der beiden Holme zueinander ist hiermit festgelegt (ca. 3 cm).

Die Sprossen werden erst nach dem Einfügen in die Bohrungen auf die richtige Länge geschnitten.

Der Rechen

Für einen Rechen benötigt man eine ca. 0,7–1 cm breite, 0,5 cm starke und ca. 6 cm lange Holzleiste. Als Rechenstiel kann ein Holzspieß, wie er für kandierte Früchte verwendet wird, benutzt werden. Als Zinken eignen sich die Spitzen von Zahnstochern.

Zuerst werden in die Mitte der Leiste die Löcher für die Zinken gebohrt. Der Abstand der Löcher beträgt ca. 0,5 cm. Der Bohrer sollte in etwa den Durchmesser der Zahnstocher haben. Anschließend können Sie die Zahnstocher durch die Bohrungen stecken, bis die Spitzen auf der anderen Seite ca. 0,6 cm herausragen. Der Rest der Zahnstocher wird mit dem Messer abgeschnitten. Als nächstes wird der Holzspieß (Stiel) gespalten. Mit einer feinen Säge den Stiel auf einer Seite in der Mitte etwa 4 cm lang einsägen. Die beiden Hälften vorne vorsichtig auseinanderbiegen und auf eine Länge von ca. 1 cm ebenso vorsichtig mit einem Messer abrunden. In den Rechen bohrt man nun hochkant zwei schräge Löcher, sie dienen zur Befestigung der Stielhälften. Mit dem Messer die Kanten am Rechen vorsichtig abrunden. Den Rechenstiel an der Übergangsstelle zu den beiden gespaltenen Hälften mit Rosendraht umwickeln.

Die Länge des Stiels sollte so bemessen sein, daß er den Figuren bis zum Hals reicht.

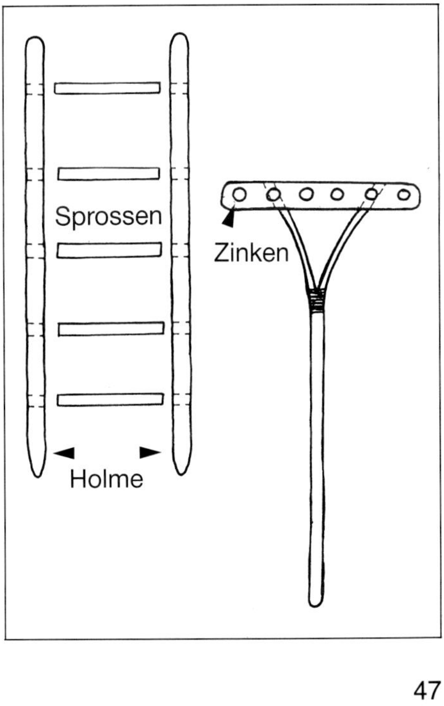

Der Besen

Für einen Besen werden die Spitzen von Birkenzweigen (Besengerten) abgeschnitten und mit Rosendraht zu einem ca. 1,5 cm starken Bündel zusammengebunden. Die Länge des Bündels richtet sich nach der Größe der Figuren und sollte diesen bis etwa ans Knie reichen. Als Besenstiel eignet sich ein etwas dickerer Schaschlikspieß, der an einem Ende angespitzt und dann in die Mitte des Besenbündels gesteckt wird. Der fertige Besen sollte der Figur bis etwa an die Schulter reichen.

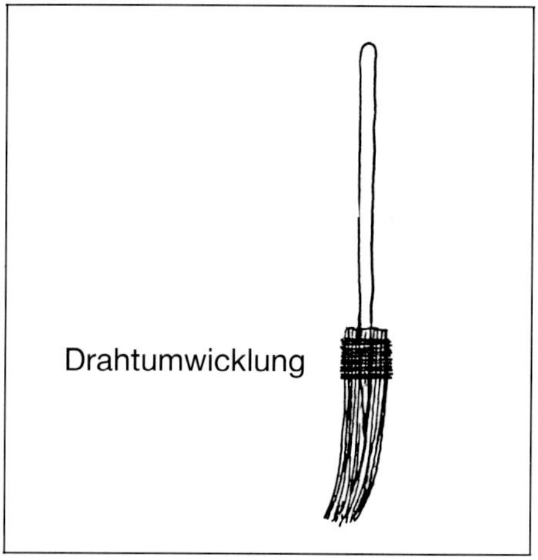

Der Brunnen

Für einen Brunnen kann ein dürrer, möglichst gerader Ast verwendet werden, der 3–4 cm dick sein sollte und in der Höhe den Figuren angepaßt ist. Auf das obere Ende des Brunnens, das wie ein Dach schräg geschnitten ist, wird ein Holzdach aufgeleimt. Für den Wasserauslauf wird in ca. ⅔ der Brunnenhöhe rechtwinklig ein Loch gebohrt. Als Wasserauslauf einen entsprechend starken und gebogenen Nagel (ohne Kopf) einstecken.

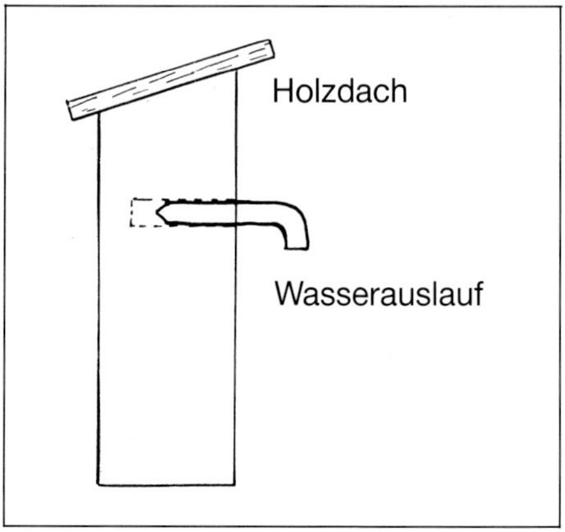

Der Trog

Zur Herstellung eines Wassertrogs eignet sich sehr gut ein Holunderast. Der Ast sollte möglichst gerade sein, 2 bis 3 cm ∅ und 10–12 cm lang. Er wird an beiden Seiten 1–1,5 cm vom Rand bis zur Hälfte seines Durchmessers mit einer Säge eingeschnitten. Das Holz zwischen den beiden Schnittstellen mit einem Messer entfernen, ebenso das in der Mitte befindliche Mark.

Zwei flache, kurze Leisten als Füße quer auf der Unterseite des Trogs anleimen.

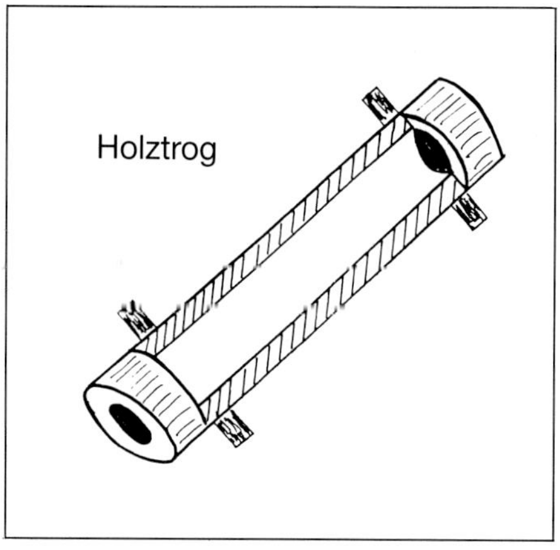